BEI GRIN MACHT SICH IHR
WISSEN BEZAHLT

- Wir veröffentlichen Ihre Hausarbeit,
  Bachelor- und Masterarbeit

- Ihr eigenes eBook und Buch -
  weltweit in allen wichtigen Shops

- Verdienen Sie an jedem Verkauf

Jetzt bei www.GRIN.com hochladen
und kostenlos publizieren

Bibliografische Information der Deutschen Nationalbibliothek:

Die Deutsche Bibliothek verzeichnet diese Publikation in der Deutschen National-
bibliografie; detaillierte bibliografische Daten sind im Internet über http://dnb.d-
nb.de/ abrufbar.

Impressum:

Copyright © 2015 GRIN Verlag, Open Publishing GmbH
Druck und Bindung: Books on Demand GmbH, Norderstedt Germany
ISBN: 9783668327009

Dieses Buch bei GRIN:

http://www.grin.com/de/e-book/342738/welche-muenzen-sind-im-sparschwein-
handlungsorientierter-zugang-zum-groessenbereich

Sandra Kappelhoff

Welche Münzen sind im Sparschwein? Handlungsorientierter Zugang zum Größenbereich Geld (Mathematik 1. Klasse Grundschule)

GRIN Verlag

GRIN - Your knowledge has value

Der GRIN Verlag publiziert seit 1998 wissenschaftliche Arbeiten von Studenten, Hochschullehrern und anderen Akademikern als eBook und gedrucktes Buch. Die Verlagswebsite www.grin.com ist die ideale Plattform zur Veröffentlichung von Hausarbeiten, Abschlussarbeiten, wissenschaftlichen Aufsätzen, Dissertationen und Fachbüchern.

Besuchen Sie uns im Internet:

http://www.grin.com/

http://www.facebook.com/grincom

http://www.twitter.com/grin_com

Zentrum für schulpraktische Lehrerausbildung

Seminar Grundschule

Schriftliche Unterrichtsplanung zum Unterrichtsbesuch

im Fach Mathematik

* ❖ **Thema der Unterrichtsreihe:** Das Geld im Sparschwein.
* ❖ **Thema der Unterrichtseinheit:** Welche Münzen sind im Sparschwein?
* ❖ **Klasse:** 1 (20 Kinder - 10 Mädchen/ 10 Jungen)

Inhalt

1. Einbettung der Einheit in die Unterrichtsreihe

Die zentrale Absicht der Unterrichtsreihe:

Das Geld im Sparschwein – Die SuS haben die Möglichkeit den Größenbereich Geld handlungsorientiert kennenzulernen und das Rechnen mit Geld zu üben. Darüber hinaus können sie erste Erfahrungen im Verbalisieren und Begründen machen.

Darstellung der einzelnen Themen der Unterrichtseinheiten und deren zentrale Absicht:

Einheit	Thema/ inhaltlicher Schwerpunkt	zentrale Absicht
1 Sag mir wie viel Geld das ist!	Lege deinem Partner einen Geldbetrag. Wie viel Euro bzw. Cent hast du gelegt?	Die SuS haben die Möglichkeit an ihr Vorwissen zu „Geld" anzuknüpfen, indem sie ihrem Partner mit Münzen und Scheinen, sortiert in Euro und Cent, selbstgewählte Geldbeträge legen sowie aufschreiben und ausrechnen lassen.
2 Wie viel Geld ist im Sparschwein?	Rechne die Euros bzw. Cents zusammen. Vergleiche mit deinem Partner.	Die SuS haben die Möglichkeit gleiche Geldbeträge in verschiedenen Bargeld-Abbildungen zu entdecken, indem sie vorgegebene und differenzierte Abbildungen in Zahldarstellungen überführen und den Betrag berechnen sowie festhalten. Zudem können sie sich über ihre Entdeckungen mit dem Partner austauschen.
3 Welche Münzen sind im Sparschwein?	Finde mit der Gruppe verschiedene Möglichkeiten den Geldbetrag zu legen.	Die SuS haben die Möglichkeit verschiedene Zusammenstellungen von Münzen zu vorgegebenen und differenzierten Geldbeträgen zu entdecken. Dabei können sie in der Gruppe Zahldarstellungen in Bargeld-Abbildungen überführen, Zerlegungen finden, festhalten und sich austauschen.
4 Euro oder Cent. Münzen oder Scheine.	Wir zählen und rechnen kreuz und quer.	Die SuS haben die Möglichkeit den Wechsel zwischen Zahldarstellung und Bargeldabbildung differenziert zu üben und zu festigen.
5 Das Wechselgeld.	Kaufe mit dem Partner ein. Wie viel Geld bekommt ihr zurück?	Die SuS haben die Möglichkeit, bei Bezahlung mit einem höheren Betrag als der Preis, die Differenz zu errechnen und das Wechselgeld zu bestimmen.
6 Der Kioskbesuch.	Wir gehen zum Kiosk und kaufen ein.	Die SuS haben die Möglichkeit ihr erworbenes Wissen in einer Alltagssituation anzuwenden.

2. Zentrale Absicht der Einheit und Lernchancen

Die SuS haben die Möglichkeit verschiedene Zusammenstellungen von Münzen zu vorgegebenen und differenzierten Geldbeträgen zu entdecken. Dabei können sie in der Gruppe Zahldarstellungen in Bargeld-Abbildungen überführen, Zerlegungen finden, festhalten und sich austauschen.

Im Sinne meiner formulierten Absicht eröffne ich folgende Lernchancen:

Auf der **Ebene der Sacherfahrungen** haben die SuS die Möglichkeit,
- handlungsorientierte Erfahrungen im Umgang mit dem Größenbereich Geld zu machen.
- verschiedene Münzzusammenstellungen zu einem Betrag problemorientiert zu finden.
- das Überführen von Zahldarstellungen in Bargeld-Abbildungen zu lernen.
- das Zerlegung von Zahlen in differenzierten Zahlenräumen zu üben bzw. zu festigen.
- von dem Austausch in der Gruppe über Lösungen und Entdeckungen zu profitieren.
- ihren Wortspeicher weiterzuentwickeln und sich in der Fachsprache zu üben.
- ihre Lösungen und Entdeckungen zu präsentieren und zu reflektieren.

Auf der **Ebene der Sozialerfahrungen** haben die SuS die Möglichkeit,
- gemeinsam in der Lerngruppe Ideen zu äußern, umzusetzen oder weiterzuentwickeln.
- sich innerhalb der Gruppenarbeit in einer Rolleneinhaltung zu üben.
- sich in der Gruppe über Lösungen und Entdeckungen auszutauschen.
- gemeinsam in der Lerngruppe zu reflektieren.

Auf der **Ebene der Individualerfahrungen** haben die SuS die Möglichkeit,
- sich mit eigenen Ideen in der Lerngruppe zu beteiligen.
- auf ihrem individuellen Lernniveau zu arbeiten.
- von Vorgehensweisen und Entdeckungen der Gruppe zu profitieren.
- die Umsetzung und Einhaltung einer Rolle innerhalb der Gruppenarbeit zu üben.
- den Umgang mit Geld zu üben sowie die Vorstellung zu dem Größenbereich auszubauen.
- ihren Wortspeicher weiterzuentwickeln und sich in der Fachsprache zu üben.
- Erfahrungen im Darstellen, Präsentieren und Reflektieren von Lösungen zu machen.

3. Zentrale Absicht für Kinder mit ausgewiesenen Förderschwerpunkten

E. hat einen sonderpädagogischen Förderbedarf im Bereich geistige Entwicklung. Er bekommt eine Zerlegungs-Aufgabe auf seinem Lernniveau und wird mit Hilfe seiner Sonderpädagogin Anforderungsbereich 1 (siehe S.5) bearbeiten.

A. wurde schulintern auf einen sonderpädagogischen Förderbedarf im Bereich Lernen getestet. Das Verfahren zu dem Förderbedarf wurde bereits vom Schulamt eröffnet, eine Entscheidung steht jedoch noch aus. Sie bekommt, wie E., eine Zerlegungs-Aufgabe auf ihrem Lernniveau und wird von mir unterstützt, um den Anforderungsbereich 1 (siehe ebenfalls S.5) zu erfüllen.

E. hat einen sonderpädagogischen Förderbedarf im Bereich Lernen sowie im Bereich soziale und emotionale Entwicklung. Seine Förderung tritt jedoch erst zum nächsten Schuljahr ein. Er profitierte bislang von seinem Vorwissen und zeigte in den vorigen Einheiten ein höheres Leistungsniveau. Er hat die Möglichkeit das Ziel der Lerngruppe zu erreichen und wird bei Bedarf von mir unterstützt.

4. Sachinformationen zur Einheit

Die Einheit „Welche Münzen sind im Sparschwein?" zielt auf mögliche Zerlegungen von Cent-Beträgen ab und soll Vorstellungen zum Größenbereich „Geld" anregen sowie ausbauen. Dieser Größenbereich unterscheidet sich wesentlich von, beispielsweise „Längen", „Gewichte" oder „Zeitspannen", denn Geld stellt keine physikalische oder geometrische Größe dar. Man spricht deshalb von einer bürgerlichen, also einer konventionell festgelegten Größe.[1]

Da Geld seit langem ein unverzichtbares Tausch- bzw. Zahlungsmittel ist, ist ein sicherer Umgang unerlässlich und stellt zudem eine wichtige Kulturtechnik dar. Im Jahr 2002 wurde unsere nationale Währung „DM – Deutsche Mark" von der europäischen Währung „Euro" abgelöst. Der Euro besteht aus Euro-Münzen, Euro-Scheinen und der Untereinheit Cent bzw. Cent-Münzen. Dabei ist die Umwandlung von 100 Cent zu 1 Euro festgelegt. Im Folgenden werden die Stückelungen und Schreibweisen der Cent-Münzen dargestellt, welche die Einheit betreffen:

- 1 Cent, 2 Cent, 5 Cent, 10 Cent, 20 Cent, (50 Cent)
- "Cent" wird mit "ct" abgekürzt

Durch diese Stückelung ist Geld nicht in beliebige Einheiten unterteilbar, so dass sich nur eingeschränkte Zerlegungsmöglichkeiten ergeben. Nachstehend wird dies am Beispiel der Zerlegung von 5 Cent dargestellt:

---

[1] Franke & Ruwisch (2010), S.182 ff.

4

a) 5 Cent = 5 Cent

b) 5 Cent = 2 Cent + 2 Cent + 1 Cent

c) 5 Cent = 2 Cent + 1 Cent + 1 Cent + 1 Cent

d) 5 Cent = 1 Cent + 1 Cent + 1 Cent + 1 Cent + 1 Cent

5. Fachdidaktische Analyse

Kinder können im (Schul-) Alltag in unterschiedlichsten Situationen mit Geld in Berührung kommen. Sie bekommen vielleicht Taschengeld oder Geldgeschenke zum Geburtstag, müssen Kakaogeld oder Bastelgeld in der Schule abgeben und kaufen alleine Süßigkeiten am Kiosk oder bezahlen die Sonntagsbrötchen beim Bäcker in Anwesenheit der Eltern. Dabei bedeutet „in Berührung kommen" nicht gleich, dass sie einen verständnisvollen Umgang mit Geld erlernen. Dazu können Grundschulkinder sehr unterschiedliche Vorerfahrungen oder bereits gefestigtes Wissen zu der Größe Geld haben. Hier lohnt es sich vom üblichen „didaktischen Stufenmodell" (vgl. Franke & Ruwisch (2010), S. 184) abzuweichen und sich an den „drei Kernideen des Messens" nach Peter-Koop & Nührenbörger (2007) zu orientieren. Sie bieten den Vorteil, dass nicht in Stufen erarbeitet wird, sondern Alltagssituationen parallel eingebettet werden können und den individuellen Leistungsniveaus der SchülerInnen Rechnung getragen werden kann.

Die drei Kernideen des Messens mit Bezug zur Größe „Geld" und zur vorliegenden Einheit:

- **Auswahl einer Einheit:** Cent
- **Vervielfachen von bzw. Zerlegen in Einheiten:** Ein Geldwert wird in mögliche Cent-Zerlegungen übertragen.
- **Zählen der Anzahl an Einheiten und Untereinheiten:** Das Zählen gleichwertiger Cent-Münzen und das Addieren unterschiedlicher Cent-Münzen.[2]

Die Verknüpfung mit Alltagssituationen kann dann unterschiedlich durchgeführt werden. In dieser Einheit wurde sich für die Umsetzung durch einen klasseneigenen Kaufladen (Kiosk) entschieden. Dieser wurde von den Kindern mitgestaltet und kann innerhalb der gesamten Unterrichtsreihe begleitend die gerade erworbenen Kenntnisse nochmals vertiefen, festigen und mit einem realitätsnahen Sinn belegen.

Innerhalb der Schule ist der Größenbereich „Geld" in allen vier Grundschuljahren fester Bestandteil des Lehrplans und erfüllt folgende didaktische Funktionen:

- Geld als Bestandteil beim Sachrechnen.
- Geld zur Verdeutlichung des Bündelns bzw. zur Unterstützung von Zahldarstellungen.
- Geld zur Darstellung von Rechenwegen bzw. als strukturiertes Anschauungsmittel.[3]

---

[2] Cless (2013), S.21.
[3] Heckmann & Padberg (2012), S.132.

5

In der vorliegenden Einheit stehen zunächst die erste und letzte Funktion im Vordergrund.

In den Richtlinien und Lehrplänen lässt sich die Einheit „Welche Münzen sind im Sparschwein?" im Inhaltsbereich „Größen und Messen" mit den Schwerpunkten „Sachsituationen" und „Größenvorstellung und Umgang mit Größen" wiederfinden. Die Kompetenzerwartungen sind beschrieben mit dem Formulieren und Lösen von einfachen Sachaufgaben, der Verwendung von Einheiten für Geldwerte und dem Rechnen mit Größen. Im prozessbezogenen Bereich spricht die Einheit vordergründig das Problemlösen / kreativ sein an. Dabei soll in ersten Ansätzen das Darstellen / Kommunizieren angeregt werden. Im Folgenden wird stichpunktartig dargestellt, welche Aspekte der drei prozessbezogenen Bereiche innerhalb der Einheit berücksichtigt werden.

Beim **Problemlösen / kreativ sein** haben die SchülerInnen die Möglichkeit,
- der Einführungsphase die für ihre folgende Suche nach Zerlegungsmöglichkeiten relevanten Informationen zu entnehmen (erschließen).
- die Zerlegung zunehmend zielorientiert zu probieren und die Einsicht in Zusammenhänge zur Problemlösung zu nutzen (lösen).
- ihre Zerlegungen zu überprüfen und verschiedene Lösungen zu vergleichen (reflektieren und überprüfen).
- ihre Zerlegung auf eine Kaufsituation zu übertragen (übertragen).

Beim **Darstellen / Kommunizieren** haben die SchülerInnen die Möglichkeit,
- ihre Lösungen festzuhalten (dokumentieren).
- ihre Lösungen auf einem Plakat darzustellen (präsentieren).
- Bestimmte Rollen innerhalb der Gruppenarbeit einzuhalten und sich über Lösungen sowie Entdeckungen auszutauschen (kooperieren & kommunizieren).
- verwenden und entwickeln ihren Wortspeicher weiter (Fachsprache verwenden).[4]

Des Weiteren werden die zentralen Leitideen eines Mathematikunterrichts bei der Planung der Einheit beachtet, welche im Folgenden aufgelistet werden.

Entdeckendes Lernen: Die SuS können durch das Legen von Cent-Münzen verschiedene Zerlegungsmöglichkeiten systematisch oder unsystematisch ausprobieren und mit dem vorgegebenen Geldwert überprüfen.

Beziehungsreiches Üben: Die SuS können sich anhand der Aufgabe problemorientiert und anwendungsbezogen mit der Einheit Cent, ihrem individuellen Zahlenraum und dem Kauf von Waren auseinandersetzen, so dass ihr Wissen und Können gefestigt und vernetzt werden kann.

Vernetzung verschiedener Darstellungsformen: Die SuS können mit Spielgeld handlungsorientiert legen, ihre Lösungen in Zahl- oder Bargeld-Darstellungen überführen und mit Hilfe des Wortspeichers verbalisieren.

Anwendungs- und Strukturorientierung: Die Aufgabe verschiedene Zerlegungen zu einem bestimmten Geldbetrag zu finden, festzuhalten und darzustellen sowie mit dem Geldbetrag im Kaufladen einzukaufen, kann beides beinhalten. Die Anwendung auf eine Kaufsituation kann neue Einsichten über die Realität bringen und das Finden verschiedener Zerlegungen lässt Entdeckungen zu Strukturen aus der Welt der Größen zu.

---

[4] Richtlinien & Lehrpläne, 2008, S.57ff.

Individuelles Lernen: Die SuS können sich zunächst in der Einführung mit ihrer Vorerfahrung und ihrem Wissen beteiligen. In der Gruppenarbeit haben sie die Möglichkeit ihre individuellen Fähigkeiten einzubringen und von den Anderen zu lernen. In der abschließenden Reflexion können sie ihre Lösungen und Erkenntnisse präsentieren und auf Neues anwenden. So bekommen sie in jeder Phase eine ermutigende Rückmeldung oder Hilfestellung und erfahren, dass ihre mathematischen Aktivitäten bedeutungsvoll sind.[5]

6. Analyse der Lernaufgabe

In der Unterrichtseinheit „Welche Münzen sind im Sparschwein?" können die SuS in der Gruppenarbeit verschiedene Möglichkeiten der Zerlegung zu differenzierten Geldbeträgen durch das Legen von unterschiedlich großem Spielgeld erproben und auf einem angefertigten Plakat in Bargeld- oder Zahldarstellungen für die spätere Präsentation differenziert festhalten. In der Zusatzaufgabe können sie ihre Lösungen für sich notieren und ebenfalls eine differenzierte Darstellung wählen. Zum Abschluss haben sie die Möglichkeit ihre Lösungen in die Realität zu übertragen und in einer Kaufsituation anzuwenden.

Dabei sollen die Anforderungsbereiche I bis III im Kontext der prozessbezogenen Kompetenzen wie folgt angesprochen werden.

Im **Anforderungsbereich I (Reproduzieren)** haben die SchülerInnen die Möglichkeit,

- durch probierendes Legen des Spielgeldes auf mögliche Zerlegungen zu kommen.
- ihre Lösungen in Bargeld-Abbildungen festzuhalten und zu präsentieren.

Im **Anforderungsbereich II (Zusammenhänge herstellen)** haben die SchülerInnen die Möglichkeit,

- durch zielorientiertes Legen des Spielgeldes auf mögliche Zerlegungen zu kommen.
- ihre Lösungen in Zahldarstellungen festzuhalten und zu präsentieren.

Im **Anforderungsbereich III (Strategien / Verallgemeinern)** haben die SchülerInnen die Möglichkeit,

- durch systematisches Legen des Spielgeldes auf mögliche Zerlegungen zu kommen.
- ihre Zerlegungen zu verallgemeinern und auf andere Geldbeträge zu übertragen.[6]

---

[5] Richtlinien & Lehrpläne, 2008, S.55ff.
[6] Blum, W. u.a., 2010, S. 20 ff.

Lernanforderung	Aktueller Lernstand	Handlungskonsequenzen
	in Bezug auf die Sache	
Die SuS bekommen differenzierte Aufgaben.	L. ist eine leistungsstarke Schülerin, aber sie hat in vorigen Einheiten gefehlt.	Ich ordne sie der Aufgabe des mittleren Leistungsniveaus zu, damit sie sich besser einfinden und an der Aufgabe beteiligen kann.
	in Bezug auf Methoden und Medien	
Die SuS arbeiten zu Dritt mit einer Rollenverteilung.	Einigen SuS fällt es manchmal schwer konzentriert mit dem Anderen zu arbeiten.	Ich achte besonders auf ihre Gruppenaktivitäten und schreite bei Bedarf unterstützend ein, indem ich sie auf ihre Aufgabe aufmerksam mache (z.B. nach gefundenen Möglichkeiten fragen).
Sprache und Sprechen: Die SuS äußern Ideen, benutzen den Wortspeicher und reflektieren verbal ihre Erkenntnisse.	Einige SuS haben noch Schwierigkeiten ihre Gedanken in Worte zu fassen.	Ich unterstütze durch das Vorsprechen von Satzanfängen, das Zeigen auf visuelle Hilfen und das Geben von mehr Zeit.

Die Lerngruppe hat zum Thema Geld bereits anhand einer Einführung am Jahresanfang gearbeitet. Vor der ersten Einheit dieser Unterrichtsreihe wurde deshalb mit den Kindern eine Lernstanderhebung durchgeführt, um den Wissenstand der Kinder festzustellen und in der Folgeeinheit daran anknüpfen zu können (siehe Anhang). Bei der Auswertung fiel besonders auf, dass es große Leistungsunterschiede in der Zahl- und Bargeld-Darstellung, der benötigten Bearbeitungszeit und dem Aufgabenverständnis gibt. Aufgrund dieser Erkenntnisse wurde die Unterrichtsreihe entwickelt und die Lerngruppe drei verschiedenen Leistungsniveaus zugeordnet, die im Folgenden kurz aufgeführt werden:

1. Hohes Leistungsniveau: 5 Kinder
2. Mittleres Leistungsniveau: 13 Kinder
3. Niedrigeres Leistungsniveau: 2 Kinder

In der Lerngruppe befinden sich 4 SchülerInnen, deren Lern- und Leistungsschwierigkeiten im Folgenden genauer beschrieben werden sollen.

- E. hat einen sonderpädagogischen Förderbedarf im Bereich geistige Entwicklung und wird im Fach Mathematik zieldifferent unterrichtet. Er bekommt eine Aufgabe und Material, die seinem Lernniveau entspricht und die Unterstützung durch die Sonderpädagogin. Gleichwohl biete ich bei Bedarf meine Hilfe an.

- E. hat einen sonderpädagogischen Förderbedarf im Bereich Lernen und im Bereich emotionale und soziale Entwicklung. Seine Förderung tritt erst zum nächsten Schuljahr ein. In den bereits durchgeführten Einheiten zeigte er ein hohes Maß an Vorwissen und Fähigkeiten, so dass er eine Aufgabe im mittleren Leistungsniveau bearbeiten kann.

- A. wurde schulintern auf einen sonderpädagogischen Förderbedarf im Bereich Lernen getestet. Das Verfahren zu dem Förderbedarf wurde bereits vom Schulamt eröffnet, eine Entscheidung steht jedoch noch aus. Ihre motorischen Fähigkeiten und die Durchführung von einzelnen Arbeitsschritten bereiten ihr Schwierigkeiten. Sie bekommt, wie E., eine Zerlegungs-Aufgabe und Material, die es ihr ermöglichen erfolgreich zu arbeiten. Zusätzlich biete ich bei Bedarf meine Hilfe an.

- S. hat große Schwierigkeiten ihre Konzentration zu fokussieren. Sie weiß nach der Einführung und Erteilung eines Arbeitsauftrages oft nicht, was sie machen soll. Ihre motorischen Fähigkeiten und allgemeine Orientierung sind noch ausbaufähig. In den letzten Einheiten zeigte sich, dass sie auf einem etwas niedrigeren Leistungsniveau mit größerem Material besser arbeiten kann. Diese Entscheidung wird für die vorliegende Einheit beibehalten.

8. Darstellung des Unterrichtsverlaufs

Methodische Entscheidungen	Begründung
Ich habe mich für die Darstellung des Verlaufs mit Transparenzsymbolen und Zielfahne entschieden.	Sie bieten für die SuS eine einfache und strukturierte Orientierung über den Verlauf der Einheit.
Ich habe mich für eine Einführung mit Demonstrationsmaterial entschieden.	Die SuS haben so die Möglichkeit eine genauere Vorstellung von der Problemstellung zu bekommen.
Ich habe mich für die Gruppenarbeit mit drei Kindern entschieden.	Sie bietet den SuS die Möglichkeit voneinander zu profitieren und auf ihrem eigenen Niveau zu arbeiten.
Ich habe mich für die Rollenverteilung von Materialholer, Ruhewächter und Schreiber entschieden.	Sie bietet den SuS die Möglichkeit ihr Lernen selbstständiger zu organisieren.
Ich habe mich für ein handlungsorientiertes Arbeiten entschieden.	Dies bietet den SuS die Möglichkeit sich handelnd mit der Aufgabe auseinander zu setzen, um den Umgang mit Geld zu erlernen.
Ich habe mich entschieden Zusatzaufgaben bereitzustellen.	Nach Beendigung der Lernaufgabe können die SuS ihr Wissen durch das Festhalten ihrer Lösungen festigen.
Ich habe mich für Klatschrhythmen als Signale • für das Ende der Arbeitsphase • für Kurzinformationen entschieden.	Der Lerngruppe sind die Signale bekannt. Es soll ihnen eine zeitliche Orientierung geben oder der Mitteilung von Zusatzinformationen dienen.
Ich habe mich für die begleitende Erarbeitung eines Wortspeichers entschieden.	Die SuS haben somit eine Grundlage, die sie selbst erarbeitet und in den Phasen des Austauschs und der Reflexion nutzen können.
Ich habe mich für die Gesprächsmethode der Meldekette entschieden.	Die SuS gestalten damit den Unterricht zunehmend selbstständiger.
Ich habe mich für die Einführung und Reflexion im Sitzkreis entschieden.	Die Lerngruppe ist an diese Arbeitsform gewöhnt und spricht in Situationen der gemeinsamen Erarbeitung am besten darauf an.

Initiation

- Begrüßung und Vorstellung des Besuchs
- Einstieg in die heutige Stunde durch die versteckten Münzen im Sparschwein

Was? Finde verschiedene Möglichkeiten der Zerlegung des Geldbetrags und halte deine Lösungen fest.

Wie? Gruppenarbeit

Wozu? Verschiedene Zusammenstellungen von Münzen zu ein und demselben Geldbetrag entdecken und auf eine Kaufsituation übertragen

Orientierung

- Was, Wie, Wozu
- Einstieg in die Stunde durch die versteckten Münzen im Sparschwein
- In der Gruppenarbeit legen, kleben bzw. schreiben
- In der Lerngruppe gemeinsam reflektieren
- Ausblick
- Verabschiedung

Integration

Die SuS können ihre Erkenntnisse und Erfahrungen, die sie im Rahmen der Unterrichtsreihe gemacht haben weiterentwickeln. Im Bezug auf die Einheit können die Kinder die Zerlegung von bestimmten Geldbeträgen üben, ihren Umgang mit Geld ausbauen und ihre Erfahrungen in diesem Größenbereich erweitern.

Transformation

Arbeitsauftrag:

- Gruppenarbeit: „Findet verschiedene Möglichkeiten den Geldbetrag zu legen und klebt oder schreibt sie auf."
- Zusatzaufgabe: „Schreibe alle gefundenen Lösungen auf dein Blatt."

Sozialform: Gruppenarbeit, Zusatzaufgabe

Material: Lege-Plakate, Klebe-/ Schreib-Plakate, Zusatzaufgabe, Spielgeld zum Legen und Kleben

Reflexion/Präsentation

Präsentation der Partnerarbeit:

„Schaut euch die Lösungen der anderen Gruppen an (Museumsgang)."

Abschluss-Reflexion mit einleitender Frage:

„Welche Lösungen habt ihr gefunden? Wählt eine Lösung und legt für die Klasse!"

Sozialform: Lerngruppe im Sitzkreis

Medien: Klebe-/Schreib-Plakate, Spielgeld zum Legen, Sparschwein, Wortspeicher, Zielfahne

Blum, W,; Drüke-Noe, C.; Hartung, R. & Köller, O. (Hrsg.) (2010): *Bildungsstandards Mathematik: konkret*. Berlin: Cornelson Scriptor.

Cless, E. (2013): *Geld: eine besondere Größe* (S.20-22). In: Grundschule. Konzepte und Materialien für eine gute Schule. Heft 2. Größen und Messen. Erfahrungen aufgreifen. Kompetenzen entwickeln. Westermann.

Franke, M. & Ruwisch, S. (2010): *Didaktik des Sachrechnens in der Grundschule*. Heidelberg: Springer.

Heckmann, K. & Padberg, F. (2008): *Unterrichtsentwürfe. Mathematik Primarstufe*. Heidelberg: Springer.

Ministerium für Schule und Weiterbildung des Landes Nordrhein-Westfalen (2008) (Hg.): *Richtlinien und Lehrpläne für die Grundschule in Nordrhein-Westfalen*. Frechen: Ritterbach.

PIK AS-Team (2012): *Standortbestimmungen – ein Instrument zur dialogischen Lernbeobachtung und – förderung*. http://pikas.dzlm.de/upload/Material/Haus_9_-_Leistungen_wahrnehmen/FM/Modul_9.3/Sachinfos/M9_3_Sachinfos_Standortbestimmungen.pdf (Zugriff am 10.02.2015)

Lernstandserhebung:

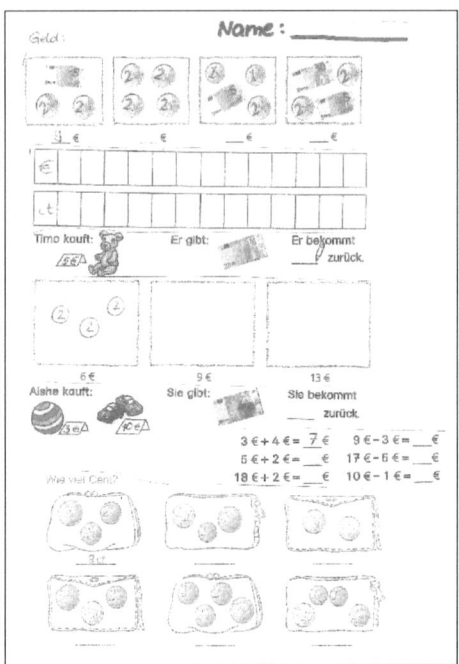

Klassen-Kaufladen:

BEI GRIN MACHT SICH IHR WISSEN BEZAHLT

- Wir veröffentlichen Ihre Hausarbeit,
  Bachelor- und Masterarbeit

- Ihr eigenes eBook und Buch -
  weltweit in allen wichtigen Shops

- Verdienen Sie an jedem Verkauf

Jetzt bei www.GRIN.com hochladen
und kostenlos publizieren